ÉTUDES

SUR

L'ACCLIMATATION DU VER-A-SOIE

DU MURIER DU JAPON

PAR

A. DE MALZAC DE SENGLA

Mémoire adressé le 30 juillet à la Société impériale zoologique, suivi des inductions que l'on peut tirer de la seconde éducation.

ALAIS
J. MARTIN, IMPRIMEUR, PLACE SAINT-JEAN
1865

ÉTUDES SUR L'ACCLIMATATION

DU VER-A-SOIE

DU MURIER DU JAPON

L'importation de la graine japonaise, telle qu'elle a eu lieu en 1865, par le fait de la Société d'acclimatation, a été pour les pays séricicoles, un véritable bienfait dont il leur importe d'autant plus de profiter que les mêmes garanties ne se retrouveront jamais.

Les Japonais, tels qu'on nous les a dépeints, ont la haine de l'étranger et l'esprit de commerce poussé jusqu'à la fraude; il est donc à craindre que cette année-ci même, les semences qu'ils livreront soient moins bonnes que celles de l'année dernière, et que, successivement et malheureusement en peu de temps, si on se fie à l'importation de leurs cartons, en voyant augmenter le nombre des demandes, ils ne s'infectent eux-mêmes après avoir infecté l'Europe par des grainages faits sans soins, en grand, et avec toute espèce de cocons.

Il s'agit donc d'arriver à la reproduction indigène et à l'acclimatation de cette précieuse race, notre dernier espoir, avant que cette catastrophe ne se produise.

Par le fait de la vente des cartons aux enchères et du prix élevé qu'ils ont atteint, une des conditions essentielles d'un bon résultat a été obtenue : la diffusion des cartons.

Les agents chargés de la distribution, refusant de donner d'autres garanties que celle de la provenance, peu de personnes ont osé hasarder une éducation industrielle, mais tout le monde a voulu essayer ; de cette manière on a pu se convaincre que cette année, où la récolte générale a été plus mauvaise que jamais, là où les autres provenances manquaient, le japon réussissait.

Malheureusement, au point de vue de la reproduction, cette diffusion a eu un grave inconvénient ; les graines saines du Japon se sont trouvées à côté de graines essentiellement atteintes, la plupart des propriétaires qui avaient réussi cette provenance, ont fait grainer de leurs chambrées, au lieu de s'adresser à ceux qui n'avaient exclusivement élevé que cette qualité ; et les marchands de graine, ce fléau des pays séricicoles, ont acheté çà et là, mêlant le Japon avec les autres provenances, les bons et les mauvais cocons et vont créer un foyer d'infection qu'il importe de combattre.

Il y a deux moyens pour enrayer, sinon pour empêcher ce malheur :

1° Éclairer le propriétaire par les nombreux moyens

de publicité dont disposent le gouvernement et les sociétés ou comices agricoles, sur les dangers qu'il y a à se fier exclusivement aux graines étrangères ; lui faire connaître les fraudes nombreuses, plus ou moins habiles, que les marchands de graines ont pratiquées par le rachat ou l'imitation des cartons ; le prémunir sur les dangers qu'il y aurait à s'approvisionner dans un grainage industriel, quelque consciencieux qu'on puisse le supposer, et à se fier exclusivement aux graines qu'il aurait obtenues lui-même, si les japonais ont été mis en contact avec d'autres provenances ;

2° Donner la faculté à tous les négociants qui ont été chercher de la semence au Japon, de faire estampiller au consulat de France, carton par carton, tout ce qu'ils comptent importer ; nommer une commission chargée du même soin au port d'arrivée et faire connaître par voie d'affiches ces deux estampilles dans chaque commune, de manière à ce que le paysan même le plus ignorant, ne puisse s'y tromper.

Ces mesures ne gêneraient en rien la liberté du commerce : on n'impose aucune obligation, tout est facultatif; mais la fraude serait moins facile, tous les négociants honnêtes s'empresseraient de se soumettre au visa de départ et d'arrivée, et l'éducateur paierait sans se plaindre, l'augmentation du prix qui en pourrait résulter.

L'éducateur, en général, est devenu méfiant par suite des mécomptes successifs qu'il a éprouvés, il faudrait lui rendre la confiance. Comme tous, en 1865, je désespérais presque de l'avenir de la sériciculture, toutes les provenances devenaient de plus en plus malades ; les graines dites d'origine japonaise qui avaient d'abord donné d'excellents résultats commençaient aussi à être attaquées. Cependant, et peut-être parce que j'avais toujours agi sur de petites quantités et que je n'avais jamais éprouvé d'échec complet, lorsque j'entendis parler de cette provenance lointaine et des soins qui avaient été apportés à son transport, je voulus essayer si par ce moyen une régénération ne pourrait pas se faire, si définitivement ce fléau qui ruine depuis seize ans nos pays séricicoles, ne pourrait pas être combattu.

Je résolus de n'élever que cette espèce et de le faire en assez grande quantité pour que le résultat prouvât quelque chose : tout le monde sait en effet qu'un essai restreint ne prouve absolument rien; une chambrée composée de quelques onces réussira avec de la graine atteinte de maladie, quand la même graine manquera généralement dans les chambrées industrielles, c'est-à-dire de 10 onces et au-dessus; aussi ne faut-il jamais se fier aux éducations en serre : d'abord la quantité est trop petite, trop souvent un intérêt particulier se trouve en jeu, par suite les soins donnés ne sont pas les mêmes; enfin on est obligé de forcer et le mûrier et la graine, et la nature n'aime pas à être forcée.

Je me procurai 25 cartons. Heureusement le plus grand nombre provenait des enchères; ceux qui me furent envoyés d'un prétendu dépôt à Paris me sont arrivés tellement avariés que je jugeai convenable de ne pas les mêler : j'en cédai la plus grande partie, et leur éclosion, partout, a été nulle ou presque nulle.

Les cartons qui m'étaient échus étaient presque tous à cocons blancs ; pour remplacer autant que possible ceux que j'avais reçus avariés, je m'en procurai quelques-uns de la maison Arlès-Dufour. Comme il était tard, je me trouvais réduit à seize cartons irrégulièrement garnis, mais contenant environ un total de 16 onces de graine qui ont produit un peu plus de 450 kilogrammes de cocons, c'est-à-dire de 28 à 29 kilogrammes par once. Pareil résultat est difficile à atteindre dans une chambrée un peu considérable, et l'on ne peut guère espérer de le dépasser avec cette race dont les cocons sont plus petits et pèsent moins que ceux de nos anciennes races indigènes.

Cette quantité, quoique moindre que celle que j'avais d'abord désirée, suffisait pour constituer une chambrée industrielle sur laquelle on peut faire des études et des observations utiles. Je ne m'en suis pas cependant tenu à elle seule, j'ai été visiter à plusieurs reprises les chambrées dont la composition était la même, heureux si le mémoire qui en est le résultat peut contenir quelque chose d'utile pour l'amélioration de la situation séricicole.

Avant d'en arriver aux faits particuliers et à la méthode suivie dans la première éducation de 1865, il me semble utile d'indiquer quelques principes généraux essentiels à toute réussite et d'une influence décisive sur la santé des vers. L'atelier, le matériel, la nourriture, le chauffage et le personnel doivent tout d'abord attirer l'attention du séricicultcur.

ATELIERS.

Les locaux destinés à l'éducation exerçent sur les vers-à-soie une influence moins grande que celle qu'on pourrait leur supposer tout d'abord: « quand les vers sont bons, disent les paysans, ils sont bons partout. »

Un riche propriétaire de mes voisins, député au corps législatif, dont j'ai visité souvent la chambrée, avait pu faire réparer à neuf la plupart de ses appartements et changer tout son matériel. Pareille dépense n'étant pas permise à tout le monde, surtout dans les conditions malheureuses où nous ont placés nos échecs multipliés, je dus me contenter de précautions moins coûteuses et cependant, tant à l'éducation qu'au grainage, mon résultat a été, proportionnellement à la quantité au moins aussi bon que le sien.

Mes magnaneries sont toutes simples, je dirai même primitives; aucun changement, si ce n'est dans le système de chauffage n'a été fait depuis le bon temps où le mûrier pouvait être encore appelé l'arbre d'or; seulement j'ai abandonné les grandes pièces pour les petites; il vaut mieux avoir un peu plus de peine et ne pas réunir un trop grand nombre de vers dans un même local: quelques grands que soient les espacés que l'on ménage pour les passages, dans les grandes magnaneries, les montants étant plus élevés, il y a nécessairement moins d'air libre que dans les petits ateliers et il se renouvelle toujours plus difficilement. — D'ailleurs le ver-à-soie est un être organisé : il respire ; et n'est-il pas prouvé que l'air qui entoure les grandes agglomérations n'est pas aussi pur que celui qui entoure les petites, et que celles-ci encore ne le respirent pas aussi sain que dans les campagnes. Chaque être, pour sa vie, absorbe une certaine quantité d'un gaz quelconque qui, lorsqu'il y a agglomération, ne peut se remplacer assez vite pour que l'air nécessaire à l'animal conserve toute sa vertu.

Pour purifier les magnaneries, j'y ai fait simplement coucher tout l'hiver les bêtes à laine ; au moment de l'éducation, on a eu soin de laisser subsister la croûte solide, excepté dans les chemins nécessaires au service ; les tables de leur côté ont été exposées à l'avance à la pluie et à la rosée et, en les mettant en place, frottées avec du thym et d'autres herbes odoriférantes, si communes dans les basses Cévennes.

Ces observations m'amènent à conclure qu'avec quelques précautions on peut obtenir des vers très sains dans les mêmes appartements, et sur les mêmes tables qui en avaient contenu des malades.

Ainsi un essai de nouka a parfaitement réussi à côté de mes japonais, quoiqu'ayant manqué complètement chez l'éducateur, duquel je les tenais, tandis qu'un autre essai de graines prétendues japonaises acclimatées n'a pas mieux réussi chez moi que chez mon voisin qui les élevait.

L'exposition de la magnanerie et sa distribution ne peuvent non plus être rangées parmi les causes de la maladie actuelle. Combien de magnaneries modèles, élevées à grands frais, dans lesquelles on n'a jamais pu avoir une réussite. La seule condition essentielle, est une bonne aération. Quant aux ouvertures, suivant les pays, elles doivent être au nord ou au midi, mais toujours garnies de chassis et de volets pour arrêter, quand il le faut, le froid ou les rayons du soleil.

MATÉRIEL.

La seule partie du matériel qui puisse avoir quelqu'importance, est la table sur laquelle sont posés les vers.

Je recommanderai les tables faites en roseaux applatis et tressés, contenus dans un cadre en bois blanc formant un rebord de quelques centimètres, qui contient les chenilles; le roseau tressé permet à l'air de pénétrer sous la litière, de la sécher et de l'assainir. Les autres systèmes de claies, en exigeant l'emploi continu du papier, conservent et augmentent même l'humidité naturelle de cette litière et donnent naissance à des exhalaisons qui sont d'autant plus nuisibles à la santé du ver que je le crois très sensible aux odeurs.

NOURRITURE.

Les soins à apporter à la nourriture du ver-à-soie sont d'une importance considérable; nul doute que la nourriture exerce une énorme influence : le ver le mieux soigné, mal nourri, ne peut réussir.

Le magasin à feuille ou ramier doit être parfaitement nettoyé, le ver étant très délicat pour sa nourriture; la feuille doit être souvent remuée, surtout à l'heure des repas; elle ne doit pas être trop entassée. L'appartement doit être frais sans être humide, assez élevé pour qu'on ne soit pas obligé de faire trop pénétrer l'air extérieur qui flétrit la feuille. Or, toute feuille qui n'est pas dans d'excellentes conditions, qu'elle soit desséchée par le hâle ou putréfiée par la fermentation, doit être soigneusement rejetée; elle ferait infailliblement du ver qui la mangerait, quelque sain qu'il fût, un ver malade, qui, mourant dans la litière, en augmenterait l'humidité par sa décomposition et nuirait aux autres par les exhalaisons qui en résultent.

Il faut tâcher, autant que possible, de faire coïncider l'éclosion avec la végétation des mûriers; le jeune ver aime la feuille tendre; il n'a pas encore besoin de faire sa provision de soie, mais il lui faut une nourriture facile pour prendre son développement. Dans toutes les éducations artificielles, je crois qu'il faut autant que possible étudier ce que fait la nature pour les espèces à peu près analogues indigènes. La chenille naît en même temps que le bourgeon et le dévore, puis, plus tard, pour arriver à son entier développement, elle mangera sans difficulté les grosses feuilles de l'arbre. Si la feuille est un peu dure, il faut choisir les bourgeons et les prendre principalement sur les sauvageons et les vieux arbres; il faut éviter de nourrir les vers exclusivement, dans les derniers âges surtout, avec la feuille de mûriers arrosés : on aurait probablement une plus grande quantité de *gras*.

Le mûrier, comme la vigne, ne demande pas à être trop fumé, ce serait sacrifier la qualité à la quantité; quand, par suite du brouillard, la feuille est tachée, qu'elle est piquée par des insectes ou que la poussière des routes s'est posée sur elle, il faut éviter de la donner aux vers. Il faut choisir de préférence celle qui est la plus légère, la plus souple et la plus luisante, provenant de mûriers à haute tige, cultivés en plein vent et dans un endroit élevé.

AÉRATION.

Une des premières conditions de la réussite est l'aération.

J'ai lu dans divers imprimés qu'il fallait aérer seulement à certains moments, et éviter surtout les courants d'air. Je ne puis partager cette opinion : je crois qu'il faut aérer toujours, lorsque les vers sont jeunes comme lorsque le cocon est formé, les courants d'air peuvent avoir des effets dangereux, mais valent mieux qu'un manque d'aération.

J'ai déjà dit quelques mots sur ce sujet en parlant des grands et des petits locaux, j'ajouterai seulement ici que je ne suis pas partisan de donner l'air par des trappes ou des soupiraux pratiqués dans le sol ou à son niveau : cette espèce de vent souterrain n'arrivant pas à la température ambiante, doit avoir de mauvais résultats. Mes magnaneries prennent l'air par les portes et fenêtres et par la toiture recouverte en tuiles, sans planche dessous, de sorte que l'air se renouvelle continuellement et naturellement.

Je ne partage pas non plus l'opinion de ceux qui conseillent de maintenir une certaine humidité : mes magnaneries ne sont arrosées que lorsqu'il s'agit de les balayer, car il importe d'éviter la poussière et les exhalaisons. Une des bonnes conditions d'une magnanerie, est d'être sur voûte et bien pavée, et un des bons effets de la croûte solide que je fais laisser, lors du nettoiement, est précisément d'absorber rapidement l'humidité qui peut se produire.

CHAUFFAGE.

Le chauffage est un des points les plus essentiels; son action est continue; dans les climats même les plus chauds, il est presque toujours nécessaire de faire du feu.

J'ai renoncé à la houille pour m'en tenir au bois, et

quand il fait trop froid, au charbon de bois. La houille répand une poussière et une fumée malfaisantes ; elle absorbe plus d'humidité et force à la remplacer artificiellement : par les gaz qu'elle dégage, elle vicie l'air. Sa chaleur ne peut être aussi facilement modérée que celle du bois ; enfin il n'est pas aussi commode d'allumer sur les fourneaux, au moment des repas, que de jeter dans un brasier quelques branches bien sèches, mêlées de plantes odoriférantes qui, par leurs flammes vives et pétillantes, animent les vers, les fortifient et les excitent à manger, sans cependant augmenter sensiblement la température qui doit varier suivant les moments, et surtout suivant l'âge et les mues des vers-à-soie. L'emploi des poëles, fussent-ils construits sur le système Dandolo, me paraît renfermer encore plus d'inconvénients que les fourneaux.

Habituellement, il est bon de conserver une température variant de 17 à 19° Réaumur. Quand les vers dorment, la chaleur doit être diminuée.

Il existe, sur le degré de chaleur à donner aux vers-à-soie une erreur très grave : au lieu de diminuer la température proportionnellement à l'âge, je crois qu'il faudrait faire le contraire : le ver-à-soie, comme la chenille, veut prendre son développement au printemps : à cette époque de l'année la chaleur va en augmentant. Pourquoi vouloir faire l'inverse de la nature. Les vers-à-soie élevés au grand air supportent aussi facilement les chaleurs croissantes que la pluie et les variations atmosphériques, sans pour cela être moins vigoureux.

Cependant, comme nous les élevons à l'état de domesticité, il faut éviter les transitions brusques et surtout la trop grande chaleur qui les brûlerait.

PERSONNEL.

Je terminerai ces considérations générales, que je regarde comme les plus importantes et les plus dignes d'examen, en recommandant le choix du personnel, qui est aussi un des principaux éléments d'une bonne réussite.

Une sollicitude constante doit entourer les vers-à-soie : un manque d'attention ou d'exactitude, je dirai presque le manque d'affection peut influer d'une manière plus ou moins décisive sur le résultat.

Tout doit marcher régulièrement dans une magnanerie, et, de plus, une surveillance continue est nécessaire ; aussi est-il bon qu'entre l'éducateur qui ne peut tout faire ni tout surveiller lui-même, et les ouvriers, il y ait un intermédiaire expérimenté qui ait autorité sur ces derniers et les fasse agir en travaillant avec eux.

Du magnaguier ou de la magnaguière dépend en grande partie la manière d'agir du personnel ; il aide ou entrave la direction, parce que ses subalternes suivent toujours son impulsion.

Comme les soins à donner sont très minutieux et que, quelle que soit la quantité que l'on élève, il y a une foule de détails qui paraissent à première vue superflus, et qu'il serait cependant imprudent de négliger, il vaut peut-être mieux, pour cet emploi, une femme qu'un homme, surtout si l'éducateur s'occupe activement et sérieusement de la direction générale. La femme sent plus vivement, elle s'attache davantage à son *éducation*.

PREMIÈRE ÉDUCATION.

MÉTHODE.

J'ai cherché, dans toute la marche de l'éducation, à simplifier les diverses méthodes, tout en prenant ce qu'elles pouvaient avoir de bon pour les rendre praticables dans une éducation industrielle, et à me rapprocher autant que possible, je ne saurais trop le répéter, des indications données par la nature avec des espèces analogues.

ÉCLOSION.

Dès le 12 avril, afin de rapprocher autant que possible l'éclosion de mes vers de la végétation du mûrier, je tirai les cartons de leur boîte, et je les disposai sur une claie recouverte de papier, pour ne perdre aucun ver à l'éclosion : je n'avais fait subir à la graine aucune immersion ni aucun brossage, et les cartons qui vinrent à éclosion ne laissèrent rien à désirer. Il y avait très peu de graine non éclose et très peu de morts-nés : le système différent est donc au moins dangereux.

La chambre à éclosion ou étuve est située au couchant avec une cheminée à bois au moyen de laquelle j'élevais successivement la chaleur de 13 à 16° Réaumur, évitant avec soin les variations de température ; les vers, quoique encore protégés par la coque, sont déjà très délicats, mais je rejetai comme éminemment dangereux le conseil de les abriter, à une certaine hauteur, avec un drap de lit et une couverture. Suivant cette méthode les graines se trouvent dans une espèce de four, dans une atmosphère étouffée, malsaine pour tout être organisé : à toute époque de l'existence des êtres, plus l'air est sain mieux ils s'en trouvent.

L'éclosion commença dès le 17 sur les cartons de graine devant produire les cocons verts, et le 20 seulement sur ceux à cocons blancs : pendant cette période la température fut successivement élevée à 18 degrés et maintenue entre 18 et 19, autant que possible, pendant tout le temps de l'éclosion, c'est-à-dire jusqu'au 29.

Les cartons n'étant pas entièrement composés d'une seule et même race de vers, l'éclosion totale en est longue, mais on ne peut pas dire qu'elle soit lente, car sur les cartons dont la graine a le même aspect et appartient à la même race, sur ceux qui ne présentent aucune trace d'avarie, les premières levées sont très copieuses et il reste peu de retardataires.

L'éclosion ayant lieu principalement le matin, c'est à cette heure qu'il faut redoubler d'attention pour que le ver, à son entrée dans l'atmosphère, n'éprouve autant que possible aucun changement de température; c'est le moment où il est le plus délicat.

Contrairement à l'ancien système, je fesais lever les vers au fur et à mesure de leur éclosion, c'est-à-dire au moins tous les jours : les laisser séjourner pendant un grand nombre d'heures sur les cartons me paraît dangereux pour ces races vigoureuses qui se jettent avec avidité sur la feuille, surtout si, contrairement au système de M. Pestalozza, résumé dans le n° 149 du *Moniteur des Soies*, on leur donne de la feuille tendre.

Je ne me suis pas servi, comme le recommande cet auteur, de feuilles de mûriers greffés, larges, longues et fermes, qui sont très dures. En faire de petits cigares, ce qui mâche et flétrit la feuille, la couper en lizières menues d'un centimètre qu'il faut s'ingénier ensuite pour déposer délicatement de champ, et enlever plus délicatement encore avec une baguette de bois ou d'ivoire, sans doute, sont des opérations successives qui exigeraient dès l'éclosion un personnel aussi nombreux qu'à la montée ; j'ai levé mes jeunes vers avec de jeunes bourgeons bien tendres, entremêlés de petites feuilles entières, un peu fendues avec la main : en peu de temps tout était garni et bientôt percillé ; il ne restait presque rien sur le carton, et cette nourriture tendre, convenable à leur âge, était dévorée avec avidité. A la place de la verdure on ne voyait qu'une espèce de fourmilière noirâtre, composée de milliers d'insectes.

D'après le même auteur, que je suis toujours amené à combattre, les vers japonais seraient excessivement faibles, grêles et presque imperceptibles en naissant, la feuille percillée indiquerait seule leur présence. Je les ai très bien vu à l'œil nu ; au microscope ils paraissent noirs, hérissés comme les chenilles, rougeâtres à la partie inférieure ; étendus sur le décimètre, ils ont 2 millimètres 1/2 environ de longueur, presque la taille des anciennes races, et leur apparence vigoureuse fait tout de suite croire à ce que l'on a dit d'eux : quand le ver japonais est né, il ne sait plus mourir.

PREMIÈRES MUES.

Les vers japonais changent vite de couleur et grossissent rapidement. C'est surtout au sortir de la quatrième mue que cette croissance rapide est remarquable.

Après la première mue, je n'ai pas fait déliter : les vers sont encore trop petits et trop inégaux, on risquerait d'en perdre beaucoup, et comme ils mangent avec avidité, il y a peu de litière ; enfin cette opération oblige toujours à les déranger, à les toucher, ce qui répugne à tous les êtres organisés, et si la litière est sèche, mince et saine, il ne peut y avoir qu'avantage à les y laisser.

Il serait à désirer de pouvoir éviter, même à cet âge,

de leur couper la feuille : tous les éducateurs ont pu remarquer la répugnance qu'ont les vers à attaquer les bords atteints par le couteau. Cependant la donner entière présenterait des inconvénients assez grands : ce serait une perte de feuille, et on aurait une litière beaucoup plus épaisse et moins saine par suite, dans laquelle le jeune ver pourrait s'enfoncer et être trop surchargé pour son âge ; il faut faire des tranches de plus en plus larges et discontinuer le plus tôt possible, sauf à reprendre au moment de la mue. A cette époque il y a beaucoup de vers sous la litière qu'il est bon de ne pas augmenter, et il n'y a aucun inconvénient à ce que les premiers sortis mangent moins pour être atteints par les autres.

DERNIÈRES MUES.

Quand les vers sont sortis de la mue, plusieurs personnes délitent immédiatement ; je n'ai fait faire cette opération que deux ou trois jours après, et je m'en suis bien trouvé : il y a moins de perte, les inégalités se réparent plus facilement, et au moment où le ver a le plus besoin de manger, il se trouve dans les meilleures conditions d'aération et de propreté : avant la montée on évite ainsi de les déliter deux fois, ce qui pourrait, si on attendait un peu trop, avoir de graves inconvénients.

Il faut éclaircir souvent, c'est une condition de bonne réussite ; il ne faut pas que l'amour-propre d'avoir des tables bien remplies et plus tard des bruyères bien garnies, l'emporte sur l'utilité : les vers trop épais ne mangent pas assez et « se dévorent les uns les autres, » disent les magnaguiers.

Même dès leur jeune âge, le meilleur système pour cette opération, c'est de les transporter au moyen de feuilles entières jetées çà et là sur les tables. Ces feuilles se garnissent bientôt de vers que l'on enlève en prenant la feuille par la pétiole ou queue ; l'on évite ainsi de toucher le ver. Je préfère ce système à celui du fractionnement de la litière. Les vers, dans leur jeune âge, aiment ainsi que les chenilles, à être agglomérés : meilleurs ils sont, plus cette observation se réalise ; les forcer à se séparer ne peut être que mauvais. Il faut donc chercher à leur donner de l'espace sans contrarier cette tendance qui empêcherait beaucoup d'entr'eux d'aller chercher entre les litières un repas trop éloigné. Enfin les tables n'ayant qu'une superficie limitée, il faudra toujours en arriver au premier système.

Il est bon de donner aux vers-à-soie des repas fréquents et légers, surtout quand ils sont jeunes, et de les leur distribuer à des heures réglées. Dans les premiers âges il leur en faut quatre, dans les derniers ils peuvent sans inconvénients devenir plus copieux, et par suite trois doivent suffire. D'ailleurs, dans une chambrée industrielle, pour distribuer jusqu'à la fin les quatre repas, un double personnel serait nécessaire.

Dans les derniers temps de mon éducation, quatre personnes étaient employées à donner les repas à mes 16 onces de vers ; dès une heure du matin, il fallait être sur pied pour remuer la feuille, trois heures suffisant à peine pour la leur distribuer. Toutes les quatre heures ils recevaient par conséquent de la feuille fraîche pendant le jour; l'intervalle était plus long, il est vrai, pendant la nuit. Pourquoi suivraient-ils une autre loi que les différents animaux? D'ailleurs, à ce moment, la température est toujours plus basse et le ver-à-soie mange en raison directe de l'élévation de la température.

Les vers japonais font leurs mues plus rapidement que nos anciennes races et par suite consomment moins de feuille; cependant, quand ils sont vigoureux et veulent faire de bons cocons, la différence n'est pas très grande: ainsi 16 onces m'ont mangé environ 300 quintaux, c'est-à-dire 18 quintaux par once.

MONTÉE.

Dès le 18 mai, j'ai eu quelques cocons; le 21, j'ai mis la bruyère aux premiers vers. En voyant leur vigueur et le temps humide qui régnait depuis quelques jours, je n'ai pas hésité à leur donner la bruyère en cabane, sans y ajouter ni chiendent ni copeaux; l'emploi de ces matières ou de la bruyère allongée me paraît avoir beaucoup d'inconvénients, il ne peut être utile que quand on a reconnu des traces de maladie. La vivacité des japonais ne les empêche pas de grimper; j'avais fait seulement mêler aux faisceaux de bruyère des plantes odoriférantes qui avaient le double avantage d'exciter les vers et de remplir les vides, quand il en existait de trop grands.

J'ai examiné la litière après le décoconnage, comme

je l'avais examinée pendant tout le courant de l'éducation ; c'est à la litière qu'on connaît le mieux la santé du ver. Si elle est saine et sèche, si l'on ne trouve pas de malades ou de morts, on peut être sûr d'un bon résultat.

Dans le courant de l'éducation, la litière a toujours été excellente. Après la montée il y restait peu de cocons. Ceux que l'on trouvait en plus grande quantité pliés dans des feuilles, étaient des verts, et par une coïncidence bizarre, ils étaient toujours deux par deux.

La proportion des doubles n'était pas grande non plus ; les cocons à moitié formés ou *peaux* étaient très rares parmi les verts ; parmi les blancs, les cocons faibles étaient plus nombreux.

En résumé, le résultat a été excellent : les cocons ont été nombreux et fermes, et il n'y a eu aucune trace de pébrine. Les petits et les gras, qui se rencontrent toujours, quelque bonne que soit la graine, ont été en quantité insignifiante, et l'éducation a été terminée pour les verts et les blancs dans moins d'un mois ; le poids des cocons, ainsi qu'on devait s'y attendre vu la taille des vers, a été moindre que celui des anciennes races, mais il a été en partie compensé par leur quantité. La vente a été avantageuse.

PREMIER GRAINAGE.

Après l'éducation, le grainage. Celui-ci est loin de s'être produit d'une manière aussi avantageuse que la récolte. Partout, s'il en faut juger par les endroits si divers de climats que j'ai parcourus et sans pouvoir malheureusement admettre une seule exception, les papillons provenant de la race verte portaient des traces plus ou moins apparentes de la maladie. Dans les hautes comme dans les basses Cevennes, sur les hauteurs ainsi que dans les plaines, dans la Lozère comme dans le Gard et les Bouches-du-Rhône, les papillons sont presque tous tachés : ils ont le long des membranes des ailes de petites vessies remplies d'un liquide noirâtre qui, étendu sur le papier fait tache d'encre; quelquefois cette tache se reproduit sur le corps du papillon, surtout entre les deux ailes. On rencontre aussi quelques-uns de ces sujets aux ailes frisées; d'autres plus mauvais encore, aux ailes tronquées et pour ainsi dire embryonnaires, à la teinte rougeâtre, espèces qui devraient être toutes rigoureusement rejetées et qui ne le sont pas toujours, même chez les propriétaires qui les plaignent, jamais chez le graineur de profession, agissant en vue de la spéculation seulement.

Chez les papillons provenant de cocons blancs, ces traces sont moins nombreuses et moins prononcées; les mauvais sont proportionnellement plus rares. Malheureusement presque tous les bombyx qui donnent cette nuance sont polyvoltins, le produit est moins ferme, moins pesant, et contient conséquemment moins de soie. Le prix cesserait d'être rémunérateur si la récolte redevenait normale.

Les papillons, quoique évidemment attaqués, étaient

cependant très vigoureux, leur rendement en graine a été bon; en moyenne il a dépassé 3 onces par kilogramme de cocons et quelquefois est presque arrivé, m'a-t-on assuré, à 4 onces. Dans les pays élevés, tels que le Pompidou et Mende, les taches étaient moins nombreuses et moins apparentes, d'où je conclus que ces semences peuvent procurer, l'année prochaine, une récolte sinon aussi bonne que celle-ci au moins moyenne; de sorte que si le Japon demeurait sain et si la provenance devenait certaine, il serait possible, en mettant en même temps que la graine qu'on aurait faite, un nombre de cartons proportionnel à celui de la quantité d'onces nécessaires à la chambrée, de se passer du graineur indigène et de ne pas abuser de l'importation.

Avantages et inconvénients de la graine japonaise, quantité et qualité de la soie produite.

La réponse à cette dernière question, posée dans le programme de la Société, ne peut être que le résumé de tout ce que je viens d'exposer.

1° Parmi les avantages, il faut mettre en première ligne l'absence de maladie, au moins à l'éducation, et la vigueur du ver qui permettraient au sériciculteur de fonder quelque espoir sur sa récolte et de ne plus redouter que ces maladies accidentelles dont on ne parle presque plus, et qui ne venaient au reste le plus souvent que d'un manque de soin ou d'attention.

2° La rapidité de l'éducation qui constitue une économie dans les frais de toute nature, diminue la quantité de feuille mangée et compense, au moins en partie, ainsi que l'abondance des cocons produits, la différence de poids et l'infériorité du prix de vente, qui permet en outre de revenir plus tôt aux autres travaux, conséquence d'autant plus importante que si la récolte redevenait bonne, il serait peut-être impossible de se procurer la quantité de bras suffisante, par suite de l'émigration toujours croissante des ouvriers des campagnes.

Un des principaux inconvénients qu'elle présente est 1° la difficulté de s'approvisionner avec quelque certitude et quelque confiance, de cette provenance lointaine, et le prix élevé qu'elle atteindra toujours.

2° Le mélange sur les cartons de différentes espèces qui entraîne la longueur de l'éclosion et le danger d'avoir au grainage des *trivoltins* ou des *bivoltins*, quand on comptait sur une race annuelle.

3° Le poids des cocons si inférieur à celui des anciennes races, dont il ne fallait que 360 à 400 pour faire le kilogramme, tandis qu'il faut compter à peu près le double pour la qualité verte, et arriver même jusqu'à mille pour obtenir ce poids en cocons blancs.

4° Enfin l'infériorité du prix de vente qui est telle que, lorsque sur nos marchés les cocons du pays dépassaient 10 fr., les cocons verts atteignaient à peine 8 fr. et les cocons blancs 6 fr. 50.

Je ne signalerai pas la promptitude du papillonnage, quoique cette année il ait causé de grandes pertes à certains propriétaires, parce que dans la suite étant mieux avisé, on pourra éviter facilement cet inconvénient; ni la tendance des verts surtout à devenir fondus et à se tacher de manière à rendre le filage difficile, parce que ces défauts paraissent tenir à des influences purement locales.

Au point de vue du filateur, il résulte des renseignements que j'ai pu obtenir, qu'en apparence la soie est fort nette, mais un peu cassante.

Que la qualité des cocons est bien inférieure comme rendement de soie, aux anciennes races d'Europe, qu'il faut plus d'un tiers, presque le double de cocons pour produire un kilog. de soie.

Qu'enfin les cocons verts et les cocons blancs, race annuelle, sont ceux qui se rapprochent le plus pour le rendement des anciennes races, mais sans les égaler.

DEUXIÈME ÉDUCATION.

En présence du résultat de cette première éducation, de vers sains donnant de beaux cocons et produisant des papillons malades, fallait-il désespérer, ou tout au moins attendre patiemment la campagne prochaine?

Lorsque je vis un si grand nombre de chenilles éclore tant sur les cartons à cocons verts que sur ceux à cocons blancs, je résolus de pousser l'expérience jusques à la fin.

A mon domaine, la feuille était devenue trop dure; le mûrier aurait souffert d'une cueillette aussi tardive; la température était aussi très élevée; je pensais qu'il fallait gagner un pays où la végétation fût plus en retard, et, après avoir parcouru différentes localités des hautes Cevennes, j'arrivai jusques aux confins de la zone des mûriers.

Lors du premier grainage, je n'avais nullement agi en vue de la spéculation : il était donc peu considérable; comme je désirais que l'éducation que j'allais entreprendre fût assez importante pour que des résultats obtenus on pût tirer de sérieuses conséquences, je m'adressai à ceux de mes voisins qui avaient comme moi fait grainer du Japon, importé par la Société d'acclimatation.

J'espérais avoir ainsi réuni la quantité que je désirais, mais le transport au Pompidou, éloigné de 60 kilomètres environ, fit souffrir les vers plus ou moins, suivant leur âge, et l'éclosion sur les cartons s'arrêta presque instantanément, soit naturellement, soit par suite du changement de température.

Pour atteindre le but que je m'étais proposé, j'usai de la dernière ressource qui me restait, celle de m'adresser à un graineur de profession.

Les craintes que j'exprimais dans l'*Aigle des Cevennes* ne se sont que trop réalisées. Des cinq onces que j'avais puisées à cette source, je n'ai rien eu, et chez personne cette graine n'a donné de résultat.

A côté d'un autre de ces industriels, un paysan avait fait reproduire quelques onces de blancs élevés par lui depuis deux ans déjà; ceux à qui il en avait cédé ont réussi ainsi que moi; la chambrée du graineur, quoique plus précoce et faite par conséquent dans de meilleures conditions, a presque complètement échoué.

La qualité du ver-à-soie et celle du cocon a partout été proportionnelle à la quantité de graine faite par le vendeur. Les appartements, la race, l'influence locale, n'ont été pour rien dans ce résultat: la provenance a tout fait. J'ai pu m'en convaincre à plusieurs reprises. Dans un pays voisin du Pompidou, deux personnes qui s'étaient approvisionnées dans une grande fabrique d'œufs ont eu, l'une 25 kilog. de cocons pour 12 onces de graine, et l'autre encore moins; à quelques pas, un troisième qui n'élevait que ce qui provenait de son grainage particulier, avait des cabanes bien garnies.

J'avais moi-même donné une feuille couverte de mes vers: ils ont été soignés à côté d'une quantité au moins équivalente provenant d'un grainage industriel; la bruyère des premiers était couverte de cocons durs et bien formés, sur celle des seconds il y en avait à peine quelques-uns et de qualité inférieure.

Ces observations sont de tristes pronostics pour les propriétaires qui n'ont pas fait eux-mêmes leur provision pour 1866 avec des vers japonais de bonne origine élevés seuls : elles prouvent aussi combien on doit se méfier des grandes fabriques d'œufs quelles qu'elles soient.

Deux excellentes mesures que, dès l'envoi de mon mémoire manuscrit, je réclamais comme bien d'autres sans doute, de la sollicitude du Gouvernement, viennent d'être prises. Une commission, composée en partie de savants, en partie de propriétaires, vient d'être créée, l'influence que peut exercer le grainage industriel ou le grainage domestique sur la santé des vers, doit principalement attirer son attention. Des instructions ont été aussi envoyées aux agents de France au Japon, pour frapper d'un timbre spécial tous les cartons à destination de France, pour lesquels cette garantie sera demandée.

Les sériciculteurs ne sauraient trop remercier le Gouvernement de ces preuves d'intérêt pour cette branche si importante de l'industrie nationale. Il serait seulement à désirer que, dans le premier cas, les propriétaires fussent en grande majorité; ils représentent l'expérience qui est le résultat d'observations le plus souvent personnelles; que dans le second on ajoutât encore la garantie facultative du timbre d'arrivée et surtout la publicité par affiches dans chaque commune, des mesures prises et des divers timbres apposés.

La deuxième éducation n'a pas présenté, quant à la marche des vers, de différence notable avec la première; les mues étant un peu plus longues, quoique la feuille soit plus dure, on finit par en consommer presque autant.

J'ai employé exclusivement la première feuille : celle qui commençait à repousser ou *regain*, devant contenir moins de principes nutritifs; la chenille prenant une nourriture moins substantielle, doit être plus exposée aux diverses maladies et surtout à la *gatine*, qui n'est qu'une conséquence de la faiblesse de l'individu et de la dégénérescence de la race.

Il résulte, en effet, des renseignements qui me sont parvenus et des divers échantillons qu'on a bien voulu m'envoyer, que parmi les vers nourris à grands frais avec la deuxième feuille qu'il faut cueillir délicatement à l'aide de ciseaux, il y a une grande quantité de gras et de petits; que la soie qui provient de leurs faibles cocons est bouchonneuse et sans nerf; que la proportion des doubles est de 25 à 35 pour cent; qu'enfin il faut de 20 à 25 kilogr. de ces cocons pour un kilogr. de soie.

J'ai essayé moi-même d'en nourrir quelques-uns, à partir de la troisième mue avec les jeunes pousses prises soit au haut des arbres, soit sur les jets nouveaux, soit sur des sujets de pépinière; ils ont présenté avec les autres une différence énorme, tant pour la proportion des mauvais que pour la qualité et le poids des cocons.

Au grainage, les papillons provenant de chenilles nourries en tout ou en partie avec le *regain* présentent bien plus de traces de maladie, ce qui me confirme et sur l'importance des soins à donner à l'alimentation et sur l'opinion que j'ai toujours eue des causes de la maladie actuelle.

Quoique la feuille fût plus dure, j'ai évité autant que possible de la faire couper, pour ne pas augmenter la répugnance des vers: j'en ai été quitte pour déliter plus souvent.

Parmi les vers provenant des divers grainages domestiques où j'avais puisé, il n'y a pas eu plus de mauvais qu'à la première éducation; la litière a toujours été très saine: seulement, à la fin, j'ai trouvé quelques muscardins et les cocons ont moins pesé. Ce dernier fait contredit l'opinion généralement répandue que la nouvelle maladie a absorbé toutes les autres.

La différence de résultat entre les deux éducations successives, m'a amené à étudier plus attentivement, en comparant, les conditions dissemblables au milieu desquelles elles avaient été faites, les conditions hygiéniques, climatériques et d'alimentation essentielles à un bon résultat.

Chercher à imiter et à seconder la nature, jamais à la forcer, c'est là le premier principe, celui sur lequel je ne saurais trop attirer l'attention, principe fécond en conséquences importantes et précieuses.

Si le bâtiment de magnanerie n'influe pas directement sur la réussite, il est bon cependant qu'il soit à l'abri des températures extrêmes et que sa distribution et son exposition le garantissent des changements brusques et surtout de l'humidité. Les Chinois, nous assure-t-on, construisent la plupart de leurs ateliers en bois et ont soin de les planchéier, évitant ainsi le rayonnement propre des parois massifs, les différences de température qui peuvent en résulter, et surtout l'humidité qui provient naturellement des murailles et du sol.

Je ne conseille ni de refaire, ni de réparer nos ateliers, mais de porter la plus grande attention à ce que la succession des températures diverses appropriées aux diverses phases de l'éducation des vers se produise sans brusquerie ni agitation, par des transitions insensibles et de la manière la plus uniforme possible : il faut pour cela diviser autant que possible les feux et procurer l'aération par en haut. A l'heure des repas, ou quand on voit chez les vers quelques symptômes d'engourdissement, il est bon de faire des feux de flamme; il est certain qu'en ce moment-là la chaleur rayonnante a une influence que n'a pas la chaleur de contact. Il ne faut à aucun de ses âges, priver le bombyx de la lumière solaire; on l'a rangé il est vrai dans la classe des papillons de nuit; il me semble que sa manière d'être pendant toute sa vie et l'heure matinale de la naissance du ver et du papillon, viennent contredire cette classification. Pour arrêter le rayonnement, il faut seulement avoir soin de remplacer les vitres par du papier blanc.

Persuadons-nous qu'il faut aux vers-à-soie des soins continuels et minutieux; que rien de ce qui se passe dans l'atelier n'est insignifiant, et qu'en appliquant la même main-d'œuvre à des vers bien choisis et bien soignés on obtiendrait une plus grande quantité de soie et de meilleure qualité, tout en économisant la feuille. La rapidité de l'éducation influe aussi sur le résultat : j'ai remarqué que les cocons des chenilles qui avaient fait leurs mues dans 25 à 30 jours, étaient bien supérieurs à ceux qui y avaient mis plus de temps.

La précocité des vers est aussi une condition tellement essentielle qu'en Chine (il ne faut pas oublier que depuis 40 siècles la soie est une des principales industries de ce pays) on ne recule pas, pour les avoir de bonne heure, devant la perspective de les nourrir à défaut de feuilles de mûriers, avec la feuille du *tche* ou de plantes herbacées qui semblent se rapprocher de la laitue cultivée et de l'absinthe sauvage.

J'ai lu aussi qu'à la 4me mue on y saupoudrait la feuille de mûriers de certaines farines pour rendre la soie plus forte et plus abondante. Ces changements, ces mélanges dans l'alimentation n'auraient-ils pas aussi une influence directe sur la santé des vers? Il serait utile de l'essayer: et si je pouvais espérer que ce Mémoire fût lu par quelqu'un de ceux qui composeront la commission, je me permettrais d'appeler d'autant plus leur attention et leurs études sur les procédés des Chinois que, en dehors de leur longue expérience multipliée par le morcellement excessif de la propriété, la température moyenne des provinces où la production de la soie est la plus grande, paraît peu différer de celle de la Provence. C'est par suite d'une confusion de race que l'on a cru que le bombyx mori, au lieu d'être élevé comme chez nous à l'état de domesticité, était laissé en plein air sur le mûrier, exposé à la pluie et à la rosée.

Les notions nombreuses résultant des recherches des savants, rapprochées des indications que peuvent donner les espèces indigènes qui se rapprochent plus ou moins de ce précieux insecte, contrôlées au point de vue pratique, par l'expérience des propriétaires, nous éclaireraient sur bien des fautes que nous commettons et qu'il importe d'autant plus d'éviter que nous sommes placés dans des conditions de plus en plus difficiles.

DEUXIÈME GRAINAGE.

Ce grainage n'a pas, comme je l'espérais, différé d'une manière bien sensible du précédent; dans tous ceux que j'ai vus, les papillons étaient atteints, à quelque race qu'ils appartinssent. Il faut d'abord remarquer que les chenilles à cocons verts ont beaucoup moins bien réussi que celles à cocons blancs et surtout à cocons jaunes, dont l'espèce est malheureusement trop rare.

Le produit du petit nombre de celles qui sont arrivées à la bruyère, avait une nuance vert pâle qui accusait un croisement. Je sais qu'on a trouvé bien des raisons pour expliquer ce résultat négatif; mais je me souviens que pour les anciens grainages indigènes l'expérience avait prouvé que lorsque les quelques vers éclos après la ponte étaient bons, la graine était bonne, et ce qui était vrai pour nos races robustes et acclimatées depuis longtemps, doit l'être à plus forte raison pour les races importées.

Je croyais peu aux influences purement climatériques; pour tenter une nouvelle épreuve, j'emportais quelques cocons de chaque espèce dans les montagnes de l'Auvergne. Eclairé par les résultats du premier transport, je fis la plus grande attention à leur emballage. Cependant, les papillons éclos pendant le trajet et le premier jour qui suivit, étaient tellement mauvais que je n'hésite pas à ranger parmi les causes principales de la mauvaise qualité des graines fabriquées dans les grands ateliers de grainage, la distance plus ou moins grande que l'on fait parcourir aux cocons pour les apporter au graineur. Tout doit autant que possible se faire sur place : grainage, éclosion, éducation.

Le changement de pays n'a pas produit grand effet; mais, contrairement à ce qui avait déjà eu lieu, ce sont les quelques cocons verts dont les papillons étaient le moins attaqués; les blancs, acclimatés ou non, contenaient un plus grand nombre de sujets mal conformés : les taches étaient plus nombreuses, les accouplements plus difficiles.

J'avais vu avec étonnement dans les cabanes quelques cocons jaunes à forme japonaise, je les fis trier soigneusement, et les papillons qui en sortirent étaient superbes. Ni moi, ni ceux chez qui j'avais pris de la graine n'avaient eu, à la première éducation, des vers de cette espèce qui paraît, au reste, la plus précieuse et la plus vigoureuse. Je n'ai pu attribuer leur présence qu'à un croisement entre les cocons verts destinés à la reproduction et une douzaine de Nouka que j'avais placés à côté, comme essai.

Ces deux exemples de croisement produisant un meilleur résultat que la race pure, ne renfermeraient-ils pas une précieuse indication?

Une des causes qui influent le plus sur la santé de la chenille, est certainement la manière dont la reproduction s'est opérée; c'est peut-être cependant ce que l'on a le moins sérieusement étudié et surveillé jusqu'ici. Si des soins, de l'hygiène, de l'alimentation, etc., dépend la santé de la chenille, pourquoi ne pas supposer à ces causes des effets analogues sur le papillon et par suite sur la qualité et la quantité de son produit?

On s'est demandé s'il ne vaudrait pas mieux, au lieu de choisir les cocons et plus tard les papillons, mettre à part les chenilles qui ont toujours fait leur mue les premières, supposant, ce qui est très contestable, qu'elles sont les plus vigoureuses. Ce choix n'aurait aucun résultat bien sérieux, et entraverait l'éducation principale par la multiplicité des petites éducations. Il serait bien préférable de n'avoir que des vers-à-soie absolument égaux.

S'il est vrai, en effet, que par la simplicité de son organisation, le bombyx mori doive être un animal très robuste, il est évident aussi qu'à raison de la rapidité de son développement qui exige des transformations fréquentes et périlleuses, l'alimentation, la température, les soins hygiéniques doivent être tellement différents suivant les diverses périodes, que ce qui est bon pour les uns est mortel pour les autres.

Nos magnaguières font consister une grande partie de leur savoir à les égaliser rapidement; il est bien à craindre qu'elles n'y arrivent que par la perte de beaucoup de sujets : un triage sévère à la naissance des papillons, à la ponte des œufs et à l'éclosion des chenilles serait, pour arriver à ce résultat, un système bien meilleur et peut-être en somme moins dispendieux. Alors, les soins de toute espèce pourraient être exactement mesurés à l'âge et au moment; les pertes, à chaque mue, seraient considérablement diminuées; enfin l'éducation pourrait être très abrégée : de là économie de feuille et de main-d'œuvre.

On a l'habitude de séparer les papillons après un accouplement de six heures environ, supposant alors la fécondation complète. Ne vaudrait-il pas mieux laisser agir la nature en toute liberté; je ne crois pas que lorsque la femelle est vigoureuse l'épuisement soit à craindre.

J'ai remarqué que les papillons, quand ils sont livrés à eux-mêmes, se séparent généralement après un certain laps de temps pour revenir un moment après ensemble. L'instinct ne leur imposerait-il pas ce moment d'arrêt pour satisfaire à un besoin quelconque de leur existence, destiné à entretenir leur vigueur pendant la fécondation et pendant la ponte? Quelques sérieuses études sur l'organisation anatomique et physiologique du ver-à-soie ont été faites, mais elles sont peu nombreuses et presque exclusivement scientifiques. Il serait à désirer que la commission portât aussi son attention sur ce sujet qui n'a pas été encore assez étudié par les naturalistes, et nous fît connaître surtout les inductions que la science sait tirer de ces données, tant pour les soins usuels qui peuvent convenir à l'espèce, que pour les moyens thérapeutiques propres à prévenir et à guérir les diverses affections pathologiques.

Le papillon devrait être tenu à une température uniforme et plus élevée que celle de la chenille; il vient plus tard qu'elle, et à l'époque où il naît la chaleur va naturellement en augmentant; l'appartement où on les met doit être d'autant plus soigneusement aéré et toujours par en haut, car il faut éviter avec soin toute agitation atmosphérique.

Loin de fermer les volets, comme on a l'habitude de le faire, de peur de nuire à l'accouplement, il faut laisser pénétrer la lumière solaire en interceptant ses rayons au moyen de châssis en papier.

Je veux bien admettre que le bombyx mori soit un insecte nocturne; mais de même que chenille et papillon naissent au jour, de même il faut reconnaître que le mâle est plus vif, l'accouplement plus animé, la fécondation plus parfaite lorsque l'appartement est éclairé que lorsqu'il y fait obscur.

Quelque élevée que puisse être la température ambiante, je suis persuadé qu'à certains moments quelques feux de flamme, la vapeur des herbes odoriférantes seraient aussi utiles à cette période que dans les périodes précédentes.

Je crois enfin que les grainages, même domestiques, sont généralement faits avec moins de soins et d'attention que l'éducation de la chenille, tandis qu'ils en demanderaient davantage, et que des conditions de plus en plus mauvaises au milieu desquelles s'est opérée la reproduction, vient peut-être uniquement la maladie qui nous désole actuellement.

En effet, à mon avis, cette maladie n'est ni contagieuse, ni épidémique, mais seulement une dégénérescence, un rachitisme qui rend les vers qui en sont atteints, mous et incapables pour la plupart de faire de bons cocons, et à plus forte raison de reproduire de la bonne graine. Je ne crois pas même que malgré ses noms nouveaux elle soit tout à fait nouvelle, les caractères principaux, peu sensibles chez les chenilles vigoureuses sont surtout apparents sur les papillons; or, un grand nombre d'entr'eux se rencontraient, il me semble, antérieurement dans les grainages défectueux.

S'il faut reconnaître qu'à l'époque où la maladie a pris un caractère général et alarmant, par suite des pluies et des gelées du printemps, de la perturbation des saisons pendant plusieurs années de suite, les mûriers aient dû éprouver, comme la plupart des plantes, de notables changements dans leur constitution qui ont pu apporter dans la nature de la feuille des éléments capables d'altérer profondément la santé des vers-à-soie; il ne faut pas oublier que de cette époque aussi date l'établissement des grandes fabriques d'œufs, et l'on ne pourrait s'imaginer jusqu'où a été la cupidité des spéculateurs.

Cette dernière cause trouvant le ver déjà affaibli, a fait d'une maladie qui aurait disparu comme tant d'autres, avec les circonstances atmosphériques qui l'avaient produite, un fléau permanent.

CONCLUSION.

Le service incontestable qu'a rendu la Société d'acclimatation, est d'avoir introduit une race vigoureuse et encore saine ; il est à craindre qu'elle ne le soit pas longtemps, si l'on demande tous les approvisionnements à l'importation. Il faut donc redoubler de soins pour la conserver. L'acclimatation en est difficile, mais non impossible. Je me hâte de reconnaître que la seconde récolte n'a pas tenu ce que j'en espérais. Elle n'est pas un antidote complet, mais faite avec des soins particuliers et exclusivement en vue du grainage, elle doit arriver à combattre victorieusement le fléau. Elle a été peu rémunératrice et ne le sera jamais. Ceux même qui se sont flattés d'avoir bien réussi se sont généralement bien promis de ne plus l'essayer ; j'avoue que pour moi-même l'expérience a été coûteuse.

Bien des inconvénients disparaîtraient si elle pouvait être retardée jusqu'au mois de septembre. A cette époque les travaux de la campagne sont moins pressants, la deuxième feuille, devenue assez nourrissante, peut être cueillie à moins de frais et sans que l'arbre souffre ; on profite des mêmes arbres sans être obligé de se déplacer et de se pourvoir ailleurs à grands frais.

Ce résultat pourrait être obtenu en retardant, par des moyens artificiels, l'éclosion qui paraît dépendre en grande partie des circonstances atmosphériques et du degré de chaleur. Je n'aime pas à contrarier la nature, aussi je ne conseillerai pas le transport dans un pays plus froid, bien que ce déplacement puisse produire un grand effet; je préfère maintenir les graines dans le même lieu, à une température de plus en plus inférieure à la température ambiante, en la plaçant dans des endroits de plus en plus froids, jusqu'au moment où l'on voudra avoir des vers; alors il faudra suivre la même marche en sens inverse pour revenir, sans transition brusque, à la température ambiante. La graine ne craint pas le froid : pourvu qu'on ait soin de ne pas l'entasser, d'éviter les variations sensibles et l'humidité, on peut sans danger la conserver tout l'été.

A l'automne, l'éclosion se fait à la température ordinaire; on n'a besoin ni d'étuve, ni de couveuse (moyen encore plus dangereux et que je conseille d'abandonner complètement), pendant presque tout le temps de l'éducation, la chaleur naturelle étant suffisante; tous les inconvénients qu'entraîne la chaleur artificielle sont ainsi évités, l'aération se fait mieux et sans danger, enfin la litière se sèche et s'assainit plus vite.

La feuille qui n'a pas eu à souffrir des gelées et des vents froids du printemps est déjà aussi nourrie que celle du printemps et paraît même moins aqueuse, la cueillette s'en fait sans nuire aux mûriers dont la végétation est déjà très avancée et sans occasionner de grands frais. Il faut, il est vrai, la proportionner comme au printemps à l'âge du ver-à-soie, par conséquent lui choisir dans le premier âge et jusqu'au 3me au moins, les feuilles les plus tendres, en commençant par celles qui se trouvent tout à fait au haut des branches, à côté du bourgeon que l'on respectera, parce qu'il aide à la végétation, et en descendant successivement et proportionnellement à l'âge ; mais la quantité qu'il faut ainsi trier et recueillir à la main, feuille par feuille, n'est pas très grande. Les vers-à-soie, dans ces premières périodes, en consommant très peu, il faut leur en distribuer souvent, mais ne pas la leur prodiguer ; ils digèrent mieux les repas légers et mangent plus avidement à l'état frais la même nourriture qu'ils dédaigneraient si elle était souillée de leur haleine ou de celle des autres animaux de leur espèce ; le repas est suffisant quand la feuille est entièrement consommée et quand le ver témoigne par sa tranquillité qu'il n'a plus besoin de rien.

A la fin de l'éducation, quand il faut beaucoup de feuille, elle est mure, et peut être cueillie en dépouillant les tiges comme au printemps.

Mais quelques soins que l'on prenne, on n'aura dans les circonstances actuelles, jamais de bonne graine, si l'éducation n'est pas faite exclusivement au point de vue de la reproduction.

Je n'ai pas entendu dire en parlant du premier et du deuxième grainage de cette année, qu'il fût absolument impossible d'obtenir, même avec la race verte, une certaine quantité de papillons des deux sexes sans taches et de belle apparence, et par suite de la graine probablement saine. Mais pour obtenir avec ceux-là seulement une certaine quantité d'œufs, il faut procéder à des triages nombreux et sévères, exclure rigoureusement tous les papillons mâles ou femelles qui présentent le plus léger indice de maladie ou accusent par un signe quelconque, une santé moins vigoureuse ou des organes moins réguliers. Indépendamment de l'immense quantité de graine qu'il faut perdre, ces opérations exigent une main-d'œuvre considérable, le prix de revient est trop élevé et l'on se trouve en face d'impossibilités pratiques.

Pour obtenir une amélioration sensible, générale et soutenue, il faudrait les encouragements de l'Etat et l'aide matériel des Comices. Je ne voudrais pas qu'avec les fonds de tous, quelques-uns se fissent graineurs, sans cela le grainage industriel ne ferait que changer de forme : mais je désirerais qu'avec les fonds qui servent à entretenir ces serres au moins inutiles, et qui presque partout ont fait plus de mal que de bien à la séricicultre, on favorisât la création de petits ateliers où se feraient avec des soins particuliers des éducations restreintes et presque expérimentales exclusivement au point de vue de la reproduction, où l'on livrerait à tous les propriétaires qui désireraient s'y pourvoir, des cocons bien triés ou de la graine à des prix modérés, acceptés d'avance par l'éducateur, en compensation de la subvention. Le nombre de ces ateliers serait proportionné aux besoins de chaque centre séricicole, et on les établirait autant que possible dans des localités éloignées les unes des autres pour les rapprocher d'un plus grand nombre de séricicultcurs.

De cette manière on parviendrait à détruire par une concurrence d'autant plus redoutable qu'elle serait loyale et désintéressée, ces grainages industriels, centres d'infection, qui entretiendront la maladie parmi nous, tant qu'on trouvera à en vendre les produits. Alors aussi nous cesserions d'être tributaires de l'étranger, chez lequel le grand nombre de nos demandes engendre infailliblement et successivement la maladie qui désole nos contrées, les mêmes causes produisant partout jusqu'ici les mêmes effets.

Sengla, le 15 septembre 1865.

www.ingramcontent.com/pod-product-compliance
Ingram Content Group UK Ltd.
Pitfield, Milton Keynes, MK11 3LW, UK
UKHW021101270726
13994UKWH00009B/1733